农业机械通用维修保养技术指南

农业部农业机械试验鉴定总站　编

中国农业科学技术出版社

图书在版编目（CIP）数据

农业机械通用维修保养技术指南 / 农业部农业机械试验鉴定总站编 .—北京：中国农业科学技术出版社，2018.2

ISBN 978-7-5116-2943-2

Ⅰ . ①农…　Ⅱ . ①农…　Ⅲ . ①农业机械 – 机械维修 – 指南②农业机械 – 保养 – 指南　Ⅳ . ① S232.8-62

中国版本图书馆 CIP 数据核字（2017）第 001572 号

责任编辑　姚　欢
责任校对　马广洋

出 版 者　中国农业科学技术出版社
　　　　　北京市中关村南大街 12 号　　邮编：100081
电　　话　（010）82106636（编辑室）（010）82109702（发行部）
　　　　　（010）82109709（读者服务部）
传　　真　（010）82106636
网　　址　http://www.castp.cn
经 销 者　各地新华书店
印 刷 者　固安县京平诚乾印刷有限公司
开　　本　889mm × 1 194mm　1/64
印　　张　1
字　　数　30 千字
版　　次　2018 年 2 月第 1 版　2018 年 2 月第 1 次印刷
定　　价　10.00 元

内容简介

《农业机械通用维修保养技术指南》旨在增强基层广大农机用户维修保养意识，掌握基本维修保养技能，使农机具保持良好技术状态。该书主要包括顺口溜和维修保养技术指南两部分内容，其中顺口溜部分利用通俗易懂的语言阐述农机维护使用注意事项；维修保养技术指南部分通过图文并茂的形式介绍农机日常维护保养、定期技术保养、集中检修保养、试运转、作业后存放保养等技术要点。

目录

第一部分

顺口溜

用农机，要保养，保质量，保效率，减事故，抢农时，省能源，省金钱；说明书，要常看，做维护，要记账。

农忙前，需检修，维修点，资质全，逐项查，勿疏漏，换配件，买正品，试运转，循序进，保状态，促工作。

启动前，要检查，查气路，查油水，查胎压，查连接；

收割机，查捡拾，查刀片，查清选，调间隙，减损失。

启动后，看烟色，听声音，闻味道，感振动，查仪表，

看灯光，按喇叭，试液压，看传动，查离合，测制动。

作业中，遵规程，观地形，选线路，少转弯，少倒车，转倒时，提农具，履带机，交替转；作业后，要清洁。

长存放，入库棚，放油水，查密封，工作件，要润滑，松皮带，固轮胎，胎压足，断电源，拔钥匙，拆电瓶。

第二部分

维修保养技术指南

为保持、恢复农业机械的良好技术状态，降低农机故障率，提高使用效率，满足农民抢农时、保质量、夺丰收的目标，特制定本技术指南。

本指南主要包括建立维修保养记录、日常维护保养、定期技术保养、集中检修保养、试运转、作业后存放保养等内容。

一、建立维修保养记录

建立每台农机的维修保养记录，对其作业、检修、保养及维修情况进行登记，以随时了解每台机器状况。维修记录内容包括：维修保养时间、作业时长或作业量、维修保养内容、更换配件情况等。

二、日常维护保养

（一）启动前

清除机械各部位的杂物、杂草，特别是清洁联合收割机空气滤清器中的灰尘（图1）。

图1 清洁空气滤芯

检查水箱、油箱及油路（柴油、润滑油、液压油）有无漏水、渗油现象（图 2、图 3）。

图 2　柴油滤杯接口渗油

图 3　齿轮泵接口渗油

检查燃油箱、机油箱、液压油箱、变速箱等油位（图4、图5），确保油位在合理区间内。

图4　燃油油位在合理区间

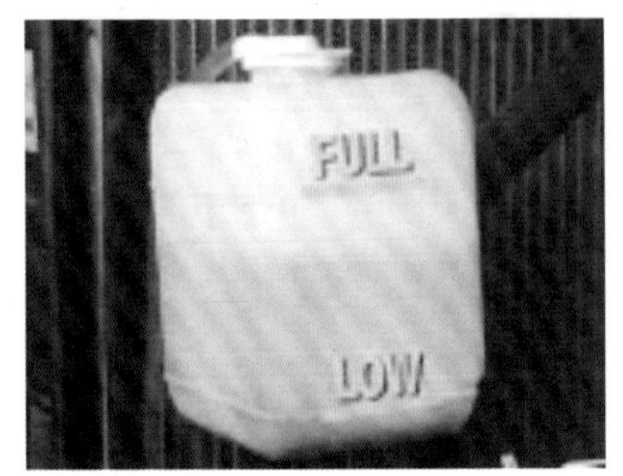

图5　冷却液液位在合理区

排放油水分离器中的水分（图6）。

检查轮胎气压是否正常（图7）。

图6　水分及杂质过多

图7　检查轮胎气压

检查重要部位螺栓、螺母有无松动（图8、图9）。

图8　检查悬挂装置螺栓

图9　检查轮胎紧固螺母

检查张紧弹簧长度（图10）。

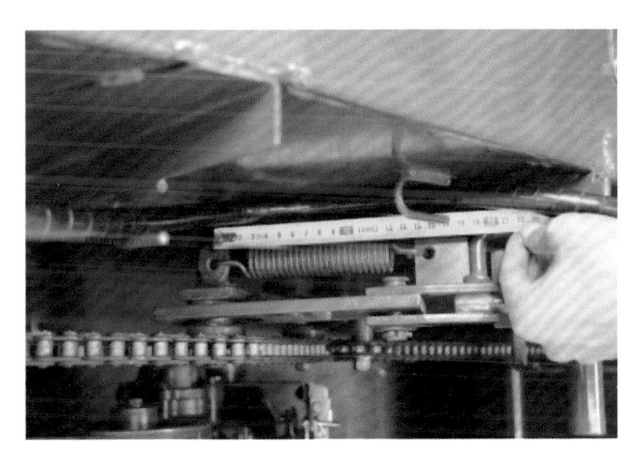

图10　检查弹簧长度

检查传动带张紧度（图11）。

图 11　检查传动皮带张紧度

检查传动链、张紧轮是否松动或损伤（图12），运动是否灵活可靠，必要时润滑传动链。

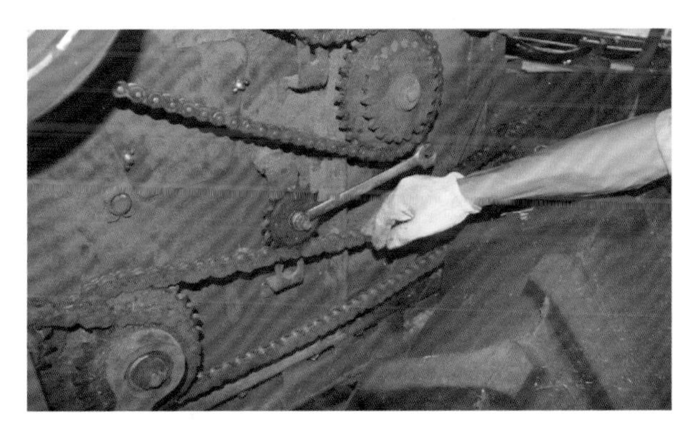

图 12　检查传动链

检查各操纵手柄功能是否正常，处在分离状态（图13、图14）。

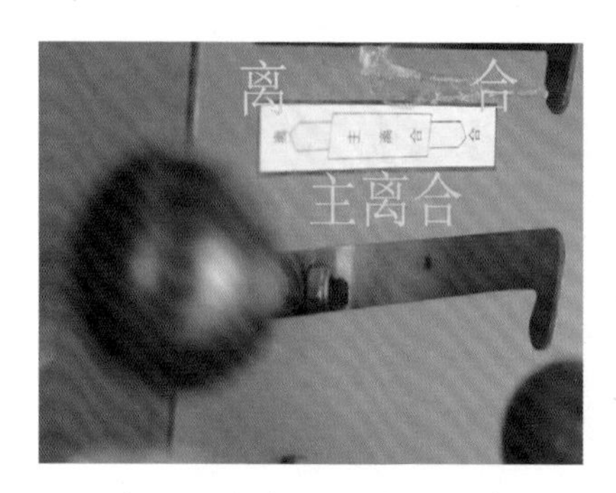

图 13　检查主离合操纵杆

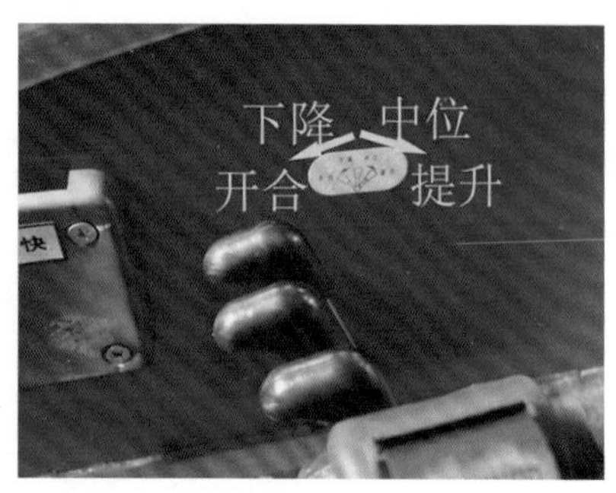

图 14　检查液压提升操纵杆

注：对于稻麦联合收割机，还应检查切割器动刀片、定刀片、护刃器、切草刀有无损坏或松动（图15）。

图15　损坏的割刀

检查动定刀片间隙和割刀行程，润滑刀片及驱动机构（图16）。

图16 润滑割刀

检查喂入搅龙与底板的间隙，必要时调整（图17）。

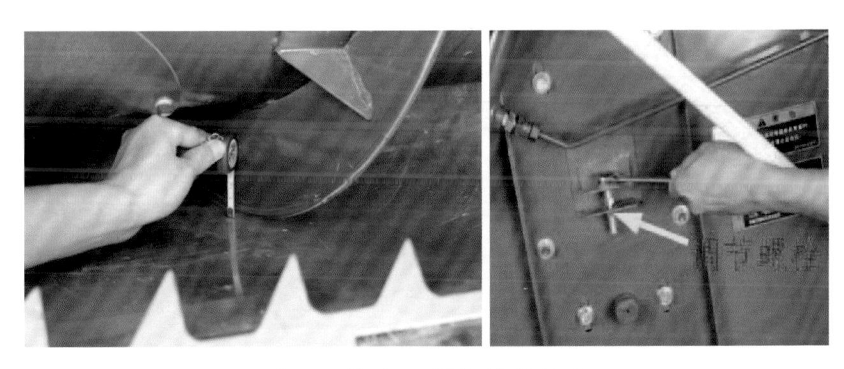

图 17　检查、调整搅龙间隙

检查拨禾杆前端与底板的间隙，必要时调整（图18）。

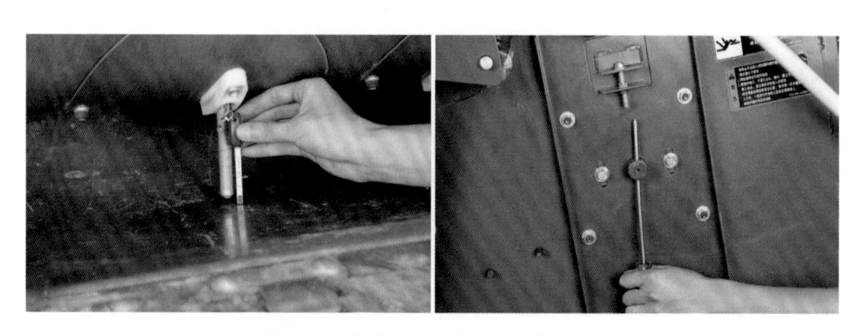

图 18　检查、调整拨禾杆间隙

检查分禾器、拨禾轮弹齿、扶禾器拨指（半喂入收割机）有无变形（图19），必要时修复、调整或更换。

图19　检查分禾器

检查各工作焊接件是否有裂纹、脱焊等（图20）。

图 20　检查工作件焊接部位

检查脱粒清选装置动作是否灵活，有无严重磨损或破损（图21）。

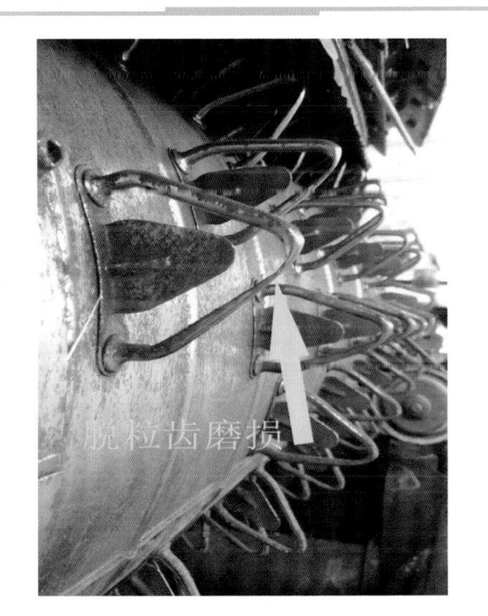

图21　脱粒齿磨损

检查风道是否畅通，风量是否符合要求（图22），清选筛与清选室各接合处密封是否良好（图23）。

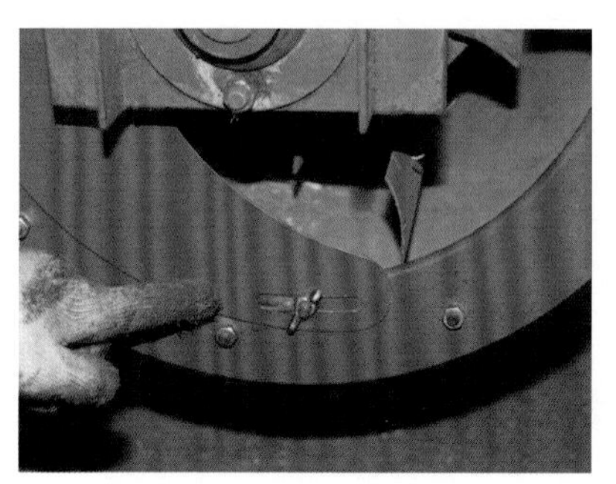

图22　检查调整风量

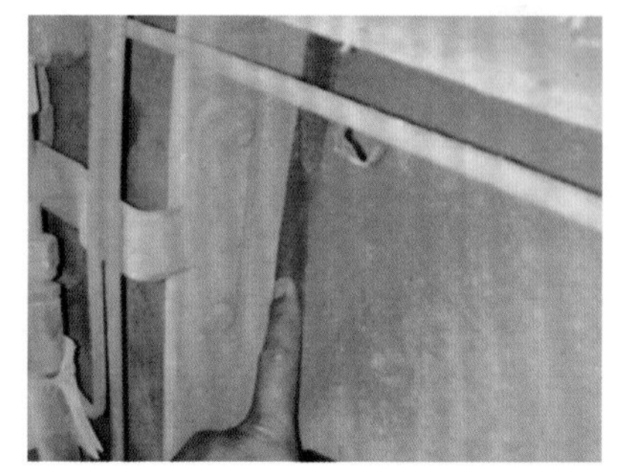

图23　检查接合处密封性

注：对于水稻插秧机，还应检查调整各操作手柄的拉线、拉杆（图24）。

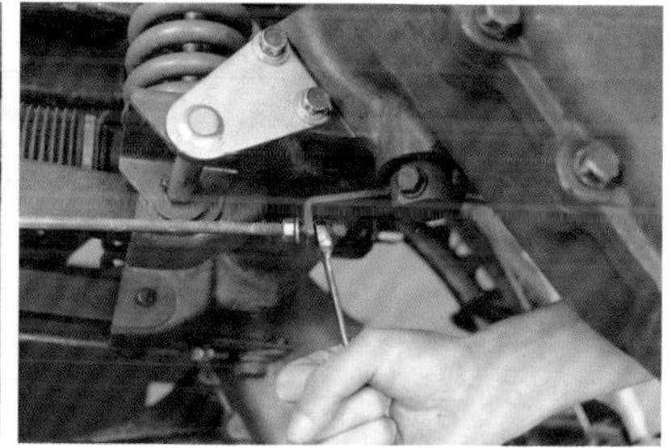

图24　拉线、拉杆调整

检查调整标准取秧量（图 25）。

图 25　检查标准取秧量

检查调整秧门侧间隙（图 26）。

图 26　检查调整秧口侧间隙

（二）启动后

检查各仪表指示是否正常（图 27）。

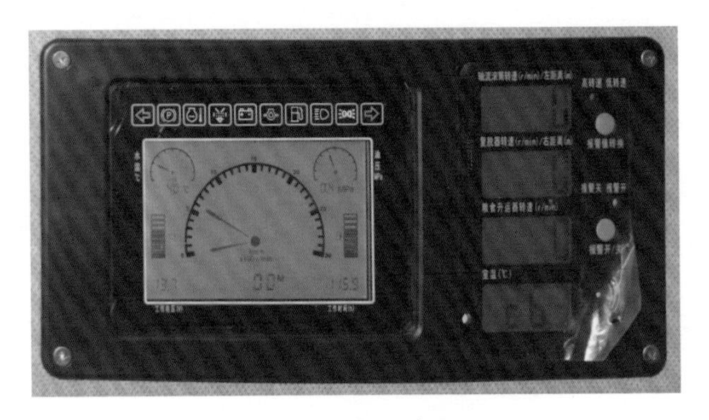

图 27 检查仪表指示

在发动机额定转速下，检查各主要工作部件的转速是否正常（图 28）。

图 28　检查工作部件转速

在发动机额定转速下，检查液压升降机构是否运行平稳（图29）。

由低到高依次检查各挡位切换情况。无同步换挡装置的必须停车换挡。

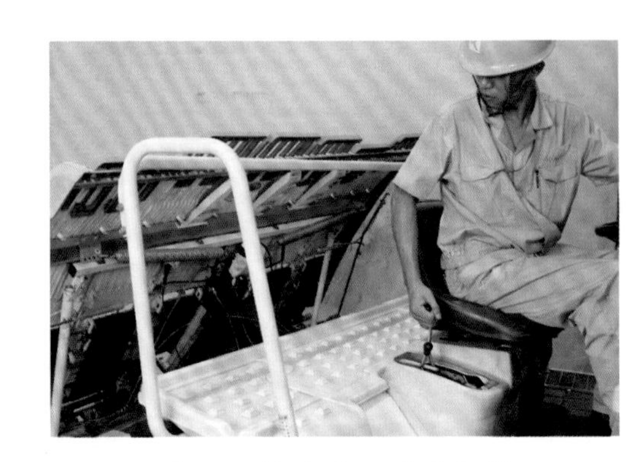

图29　检查液压升降机构

注：对于玉米联合收获机，作业前，应根据玉米秸秆直径检查调整摘穗辊间隙（图 30）。

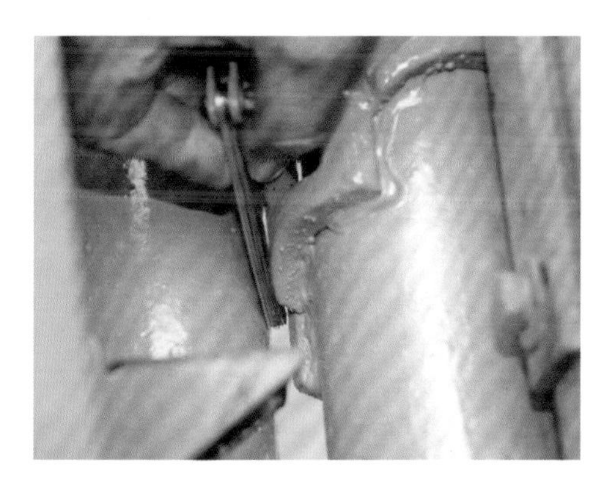

图 30　检查摘穗辊间隙

检查调整清草刀与摘穗辊之间的间隙（图31）。

图31　检查清草刀与摘穗辊间隙

（三）每日作业后

将农机停放在平坦场所。清除各部位的泥土、草屑等（图 32），视情况给各部位加油和润滑。

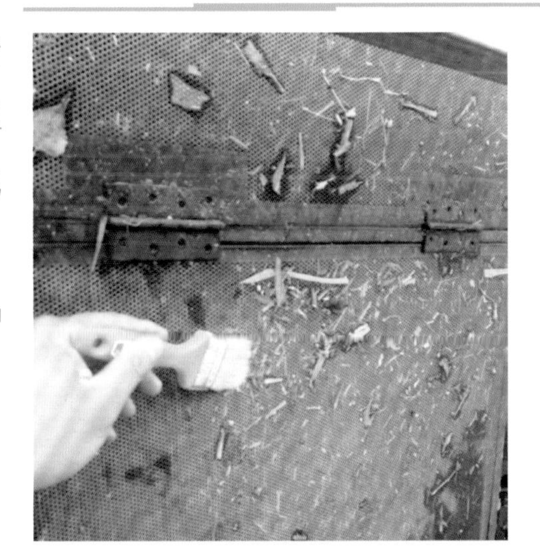

图 32　清除水箱护罩杂物

将工作部件（悬挂农具、割台等）降至地面或最低处（图33、图34）；关闭前照灯等电器，拔下钥匙。

图 33　悬挂农具降至最低

图 34　割台降至最低

三、定期技术保养

必须按照使用说明书的要求，在规定时间内对农业机械进行定期技术保养。

四、集中检修保养

每年夏收和秋收农忙之前，须对农机技术状态进行集中检查，对查明的故障和隐患安排技术人员尽早解决。

备足在检修工作中常用的工具和易耗易损零配件及油料，如各类螺栓、垫片、润滑脂等。集中检修保养应根据定期技术保养要求和农机机械状态制定实施。检修保养主要内容如下。

（一）检修气门

根据工作时间，检查调整发动机气门间隙（图 35），视情况清除积碳；必要时检查气门密封性，进行气门研磨或更换新件。

图 35　检修气门间隙

（二）维护空气滤清器

清洗或更换空气滤清器（图36），安装前要检查滤芯是否完好，安装后要保证其密封可靠。

图 36　检查更换空滤

（三）维护燃油滤清器

取出沉淀杯和燃油滤清器中的沉淀物，清洗燃油滤芯，必要时清洗滤清器内腔，更换燃油滤芯（图 37）。

图 37　更换燃油滤芯

（四）检修喷油器

根据工作时间，检查喷油器的喷油压力和雾化质量（图38），必要时进行调修，清除喷油嘴积碳。

图38　检修喷油器

（五）检修喷油泵

检查供油提前角（定时管法、定位法，图39）、精密偶件密封性和供油均匀程度，必要时应在喷油泵试验台上进行全面检查和调整。

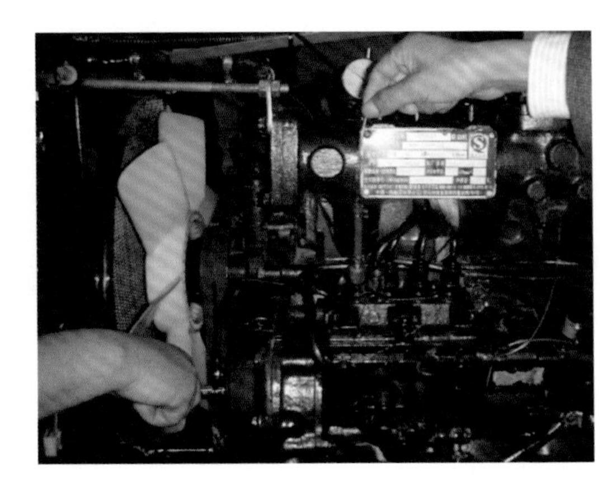

图39　定位法调整供油提前角

（六）维护润滑系

更换机油滤芯（图40），必要时清洗滤清器内腔，按使用说明书的要求清洗润滑油道，并加足正品规定润滑油。

图40　更换机油滤芯

（七）保养散热器

清理散热管和散热片上的尘土和杂物（图41），必要时拆下散热器，用碱水煮洗去除油污；视情况清洗冷却系水垢。

图41　清理散热片

（八）检修节温器

检查节温器性能，必要时进行修理或更换（图42）。

图 42　检修节温器

（九）检修离合器

检查润滑各轴承；检查分离杠杆高度和踏板（或手柄）自由行程（图43），必要时进行调整。

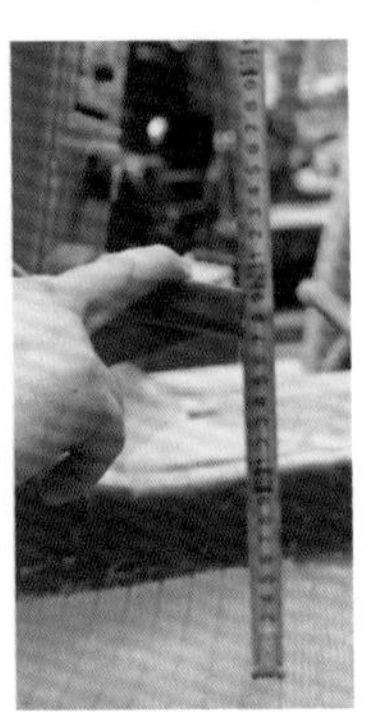

图 43　检查踏板自由行程

（十）检修变速箱

检查齿轮油油质（图44），必要时更换新油；检查变速箱有无过热和异响，如有异常应及时排除；必要时，按使用说明书的要求清洗变速箱内腔。

图44　检查齿轮油油质

（十一）检修中央传动

检查润滑油油质，检查中央传动有无过热和异响，如有异常应及时排除（图45）；必要时，检查调整轴承间隙，清洗内腔。

图45　检查齿轮啮合状况

（十二）检修制动系

检查制动性能（图46），必要时进行修理；检查调整制动踏板自由行程；对各注油点加注润滑油。

图 46　检查制动性能

（十三）检修方向机

检查方向盘自由行程，左右自由行程超过30°时应进行调整；向各润滑点加注润滑油（图47）。

图47　润滑转向机构

（十四）检修前轮轴承间隙和前轮前束

检查前轮轴承间隙和前轮前束（图 48），必要时进行调整。

图 48　测量前轮前束

（十五）检查轮胎

检查轮胎磨损情况及胎压，胎压不足要充气，磨损严重要更换（图 49）。

图 49　磨损严重的轮胎

（十六）维护液压系统

视情况检查液压泵的流量、测定液压阀压力（图50、图51），当流量或压力不符合出厂规定时应进行修理。

图50　液压泵压力检查

图51　悬挂液压检测

（十七）检修电气系统

检查蓄电池、发电机、启动机各部位连接线的螺栓连接牢固程度；检查蓄电池存电量（图52），不足时应及时充电；检查发电机碳刷和集电环接触情况；及时润滑发电机和启动机的轴承。

图52　检查蓄电池存电量

（十八）按日常维护保养检查稻麦联合收割机的刀片、护刃器、拨禾轮、扶禾器（半喂入收获机）、运动工作部件，必要时调整、修复或更换；检查、润滑各工作部件。

（十九）检查调整玉米联合收获机的摘穗辊、拨禾链、升运器、输送器、秸秆还田机等装置运转情况，如有严重磨损或运转不正常应予以修理。

（二十）检查插秧机回转箱、插植臂等部位是否进水，如有应清洗并更换油封及润滑脂；检查秧针、推秧杆等工作部件的磨损情况，必要时调整或更换；检查秧箱、送秧皮带的工作情况，必要时调整或更换。

五、试运转

新购置、检修后或更换重要动配合件后的拖拉机、收获机、插秧机等机械，在使用前必须进行试运转。试运转应按照试运转规程或使用（或维修）说明书进行，应遵循由低速到高速、由空载到重载的循序方法。试运转时应注意各部分的运转情况和各仪表的指示情况，查看有无漏水、漏油、漏气现象，发现故障必须找出原因加以排除。只有在前项试运转完全正常后才能进行下一步试运转。

六、作业后存放保养

（一）彻底清洁农机上的泥土、杂草，对剥落或划伤的漆面补漆（图53）。

图53 补漆

（二）按有关要求润滑各部位或添加防腐剂、黄油（图54）。

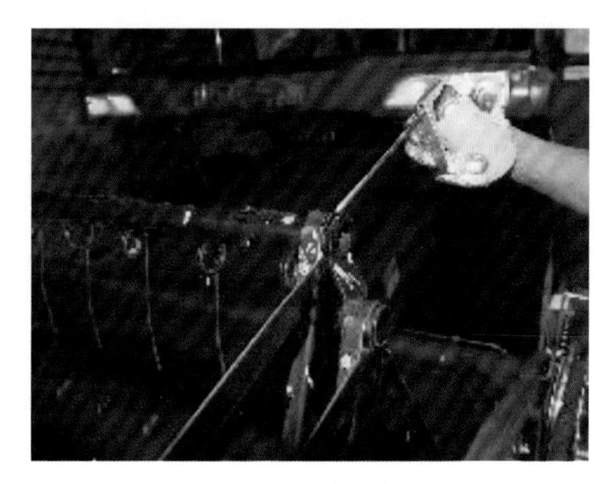

图54 润滑各部位

（三）将农机存入机库，将工作部件（悬挂农具、割台等）降至地面或最低处。

（四）松开皮带和链条，对链条进行润滑保养（图55），排除汽油（插秧机）；必要时排除冷却水。

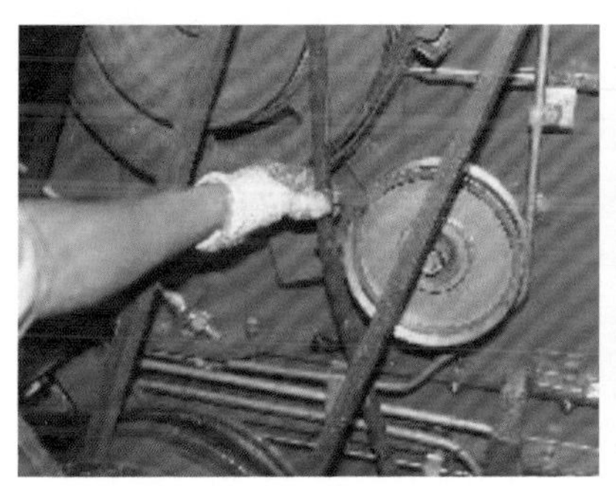

图 55　放松皮带、保养链条

（五）驻车制动，各操纵手柄应置于"空""中立""分离"等位置，拔下主开关的钥匙，妥善保管。

（六）拆下蓄电池接线（图56），必要时拆下蓄电池合理存放，并定期充电保养。

图 56　拆卸电池接线

（七）将机具抬高垫支（图57），减少轮胎（履带）的负荷。

图57　抬高垫支拖拉机

（八）如果农机放置在室外，应用防水材料覆盖机械表面（图58），并用不透明材料盖住仪表板。

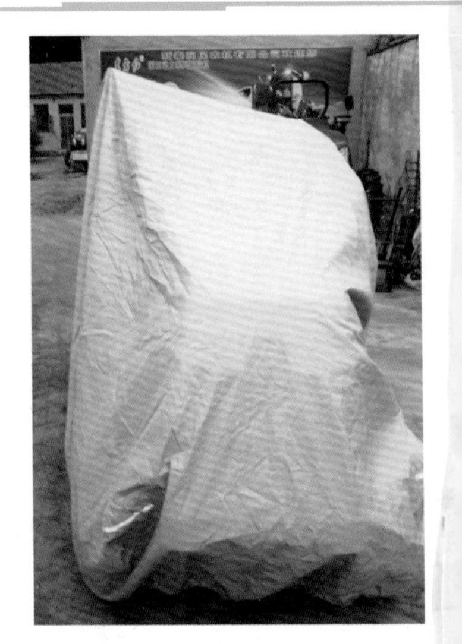

图58　覆盖农机具